Monika Gänsler

O wie Ostern

Frühlingshafte Fensterbilder

frechverlag

Von der bekannten Autorin Monika Gänsler sind im frechverlag zahlreiche andere Titel erschienen. Hier eine Auswahl:

TOPP 2265

TOPP 1924

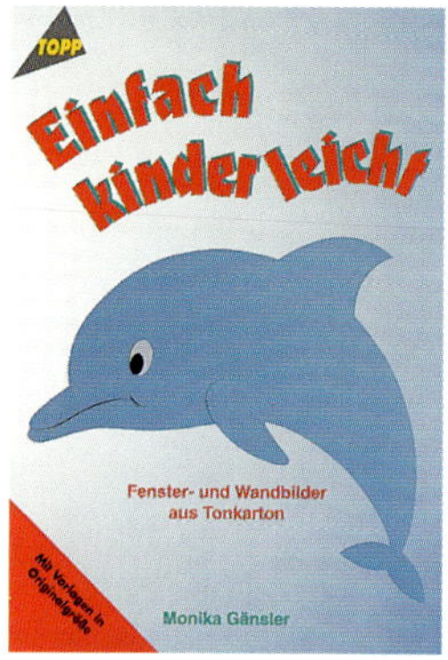

TOPP 2212

TOPP 2131
© DISNEY

TOPP 1506

TOPP 2178
© DISNEY

Fotos: frechverlag GmbH + Co. Druck KG, 70499 Stuttgart; Fotostudio Ullrich & Co., Renningen

Auflage: 5. 4. 3. 2. 1. | Letzte Zahlen maßgebend
Jahr: 2002 2001 2000 1999 98

frechverlag GmbH + Co. Druck KG, 70499 Stuttgart
ISBN 3-7724-2291-8 · Best.-Nr. 2291
Druck: frechverlag GmbH + Co. Druck KG, 70499 Stuttgart

O wie Ostern

Endlich ist es soweit! Der Winter ist vorüber, der Frühling klopft an die Tür, und Ostern rückt immer näher.

In diesem Buch finden Sie viele bunte und fröhliche Motive für die Frühlingszeit und die bevorstehenden Ostertage: Schneeglöckchen, die den Frühling einläuten, einen kleinen Vogel, der schon fleißig brütet, malende Mümmelmänner und, und, und ...

Suchen Sie sich Ihre Lieblingsmotive aus, und schmücken Sie mit diesen Ihre Fenster, damit auch bei Ihnen der Frühling Einzug hält!

Viel Spaß beim Basteln wünscht Ihnen Ihre

Monika Gänsler

Bastelmaterial

- Tonkarton in verschiedenen Farben
- Transparentpapier
- Dünne Pappe
- Nähgarn oder Wollfäden

Werkzeug

- Mittelgroße, spitze Schere
- Eventuell kleine, spitze Schere für Feinarbeiten
- Bleistift
- Schwarzer Stift für die Innenlinien
- Radiergummi
- Nadel

Klebstoff

Als besonders günstig haben sich Klebestifte erwiesen, da bei Flüssigkleber die Gefahr besteht, daß er hervorquillt.

Damit zusammengeklebte Teile anfangs nicht verrutschen, können Sie sie mit Wäscheklammern zusammenhalten, bis der Klebstoff getrocknet ist.

Eventuell auftretende Klebstoffspuren lassen sich mit einem Radiergummi beseitigen.

Schritt für Schritt erklärt

1 Legen Sie Transparentpapier oder Butterbrotpapier auf den Vorlagenbogen, und übertragen Sie die Einzelteile mit einem Bleistift auf das Transparentpapier. Achten Sie unbedingt darauf, daß sich die Linien nicht überschneiden!

2 Das Transparentpapier mit den Zeichnungen wird auf dünne Pappe geklebt. Die Motivteile werden exakt ausgeschnitten – fertig sind Ihre Schablonen.

Dann werden die Schablonen jeweils auf den Tonkarton der Farbe gelegt, in der das Teil gearbeitet werden soll. Ziehen Sie die Konturen der einzelnen Teile mit einem Bleistift genau nach, und schneiden Sie die Teile sorgfältig aus.

3 Wenn Sie alle benötigten Teile ausgeschnitten haben, können Sie Ihr Motiv gemäß Anleitungstext zusammenkleben und die Innenlinien dem Vorlagenbogen und dem Foto entsprechend mit einem schwarzen Stift ergänzen.

Um Ihr Fensterbild aufzuhängen, balancieren Sie das Motiv zwischen Daumen und Zeigefinger aus und durchstechen den Tonkarton einige Millimeter vom Rand entfernt mit Nadel und Faden. Sie können das fertige Fensterbild aber auch mit einem durchsichtigen Klebestreifen direkt auf Ihrer Fensterscheibe befestigen.

TIP **Die Anleitungen dieses Buches beziehen sich auf einseitig gebastelte Motive. Soll die Rückseite genauso hübsch aussehen, brauchen Sie nur die entsprechenden Teile doppelt auszuschneiden und auf der Rückseite spiegelverkehrt aufzukleben.**

Osterhase, schnell, schnell!

(Höhe: Ca. 18 cm)

Abbildung auch Seite 1

Farben:
Weiß, Gelb, Blau, Orange, Grün und zwei Brauntöne

Fügen Sie Oberkörper und Hose des fliegenden Hasen zusammen. Kleben Sie jetzt von vorne den Kopf mit Auge und Nasenspitze an, und ergänzen Sie das rechte Ohr. Fügen Sie Hand und Ärmel zusammen, und befestigen Sie den Arm von vorne am Oberkörper. Von hinten erhält der kleine Mümmelmann ein Schwänzchen und den linken Fuß.
Nun können Sie das Häschen auf die Möhre kleben. Natürlich dürfen Sie das Grün der leckeren Möhre nicht vergessen.
Pupille und alle Innenlinien noch schnell mit einem schwarzen Stift aufmalen, und schon düst der Osterhase los.

Ein keckes Schneeglöckchen

(Höhe: Ca. 23 cm)

Farben:
Weiß, Grün und Hellbraun

Setzen Sie beide Glöckchen laut Vorlage zusammen, und kleben Sie die Blüten von hinten am jeweiligen Stiel fest. Beide Blütenstiele erhalten von vorne noch etwas Schnee.
Dann wird die Schneefläche von vorne auf der Bodenfläche fixiert. Nun brauchen Sie nur noch in der angegebenen Reihenfolge das Schneeglöckchen zusammenzusetzen (siehe Numerierung auf dem Vorlagenbogen).
Hängen Sie das Blumenkind in Ihr Fenster, damit es ganz leise den Frühling einläuten kann.

Hallo, kleines Veilchen!

Gans

(Höhe: Ca. 28 cm)

Farben:
Weiß, Lila, Grün, Orange
und Gelb

Zunächst erhält das lilafarbene Veilchen von vorne den gelben Blütenstempel und von hinten den Stiel.

Die stattliche Gans bekommt von vorne den Schnabel, den Flügel und ein Bein. Jetzt kleben Sie das vorbereitete Veilchen und das Stielende am Schnabel fest. Als nächstes fixieren Sie das zweite Bein der Gans von hinten.
Nachdem Sie das Auge und alle Innenlinien aufgemalt haben, kann die Gans an Ihrem Fenster weiternaschen.

Veilchen

(Höhe: Ca. 15 cm)

Farben:
Violett, Dunkelgrün, Gelb und Hellbraun

Kleben Sie in die Blütenmitte jeweils den gelben Blütenstempel, und ergänzen Sie von hinten den zugehörigen Stiel.
Auf die hellbraune Bodenfläche wird Blatt Nr. 1 geklebt. Es folgen beide Blütenstiele von vorne.
Zum Schluß befestigen Sie die Blätter Nr. 2 und Nr. 3; schieben Sie Blatt Nr. 2 hinter die Blüte, zeichnen Sie die Blattadern ein, und fertig ist das kleine Veilchen. Vielleicht öffnen sich ja an Ihrem Fenster noch weitere Blüten ...

Drei lustige Gesellen

Nach dem langen Winterschlaf zeigen diese drei Freunde ihr schönstes Kleid.

Krokus

(Höhe: Ca. 11 cm)

Farben: Weiß, Lila, Dunkelgrün, Creme und zwei Brauntöne

Fügen Sie die Blüte zusammen, und ergänzen Sie beide Blätter von vorne. Nun bringen Sie von vorne die cremefarbene Blütenscheide und danach die Zwiebel an. Vergessen Sie nicht, die Augen von vorne und die Wurzel von hinten zu befestigen. Malen Sie Mund und Pupillen auf.

Tulpe

(Höhe: Ca. 24 cm)

Farben: Rot, Grün, Weiß und zwei Brauntöne

Setzen Sie die Blüte mit dem Stiel laut Vorlage zusammen, und kleben Sie diesen zwischen beide Blätter. Jetzt folgen von vorne die Zwiebel mit den Augen und von hinten das Wurzelteil. Pupillen und Mund nicht vergessen!

Osterglocke

(Höhe: Ca. 25 cm)

Farben: Weiß, Hellgelb, Hellgrün und zwei Brauntöne

Setzen Sie die aus drei Teilen bestehende Blüte zusammen, und ergänzen Sie den Stiel von hinten. Jetzt kleben Sie den Stiel zwischen beide Blätter. Von vorne wird die Zwiebel samt Augen angeklebt. Nun fehlen nur noch die Wurzeln, die von hinten befestigt werden. Malen Sie den Mund und die Pupillen auf. Fertig!

TIP **Sie können alle drei Blumen auf der Rückseite mit etwas Tonkarton verstärken.**

Komm und zieh uns!

Am besten basteln Sie gleich beide Ziehtiere, denn weder das Häschen noch die kleine Ente möchten allein an Ihrem Fenster spielen.

Häschen

(Höhe: Ca. 19 cm)

Farben: Weiß, Schwarz, Dunkelbraun, Hellgelb, Rot, Dunkelgrün und Dunkelblau

Das kleine Häschen bekommt von hinten ein Stummelschwänzchen und das rechte Ohr. Von vorne kleben Sie Auge und Nasenspitze an.

Jetzt folgen das Grasteil und die Räder, die mit einem roten Mittelteil beklebt werden. Die aus drei Teilen bestehende Schleife müssen Sie ebenfalls von vorne ergänzen.
Nun brauchen Sie nur noch ein kleines Loch zum Durchziehen des roten Bandes.
Malen Sie alle schwarzen Innenlinien auf. Geschafft!

Ente

(Höhe: Ca. 18 cm)

Farben: Weiß, Orange, Hellgelb, Dunkelblau, Rot und Dunkelgrün

Das kleine Entlein erhält von vorne das Auge, den Schnabel, die aus drei Teilen bestehende Schleife und das Grasteil samt Rädern. Kleben Sie die blauen Kreise auf die Räder. Ein kleines Loch für das Band ist auch noch nötig.
Wenn Sie ein rotes Band angeknotet und die Pupille aufgemalt haben, ist das Entlein schon fertig.

Ach je, ein kleiner Irrtum!

(Höhe: Ca. 28 cm)

Farben: Weiß, Rot, Orange, Gelb, Dunkelblau und Türkis

Was brütet denn die stolze Hilda da gerade aus? Jedenfalls keine normalen Eier.

Hilda erhält von vorne Kamm, Schnabel, Kinnlappen und die beiden Flügel.
Von hinten ergänzen Sie die bereits gefärbten Eier und den Schwanz. Setzen Sie jetzt das Huhn ins gelbe Stroh.
Malen Sie das Auge, die Pupille und alle Innenlinien mit einem schwarzen Stift auf.

Ob Hilda den Irrtum noch bemerkt? Die stolze Henne ist so ins Brüten vertieft, daß ihr der kleine Irrtum wohl kaum auffallen wird.

Osterhasen bei der Arbeit

Wenn die Osterhasen so fleißig sind, kann es bald Ostern werden.

Hallo, hier kommt Nachschub!

(Höhe: Ca. 29 cm)
Abbildung Seite 16

Und noch ein Ei zum Verschönern! Befestigen Sie zunächst von vorne die Bodenplatte mit den beiden Rädern am Ei.
Bringen Sie dann von vorne das Auge und die Nasenspitze am Kopf des Hasenjungen an, von hinten ergänzen Sie das linke Ohr. Fügen Sie nun Hand und Ärmel zusammen.
Kleben Sie Hose und Oberteil zusammen. Ergänzen Sie von hinten das linke Hosenbein, das rechte Bein, das linke Bein und das Stummelschwänzchen. Von vorne fixieren Sie den Kopf und den rechten Arm.
Malen Sie die Pupille und alle Innenlinien auf.
Stellen Sie jetzt den jungen Mümmelmann und das Ei auf eine hellgrüne Bodenfläche, durchstechen Sie das Ei, und verbinden Sie Hase und Ei mit einem Faden.
Ob der große Meister wohl auch dieses kleine Ei mit farbenfrohen Streifen versehen wird?

Hallo, hier kommt Nachschub!

Anleitung Seite 15

Farben:
Weiß, Gelb, Dunkelblau, Rot, zwei Braun- und zwei Grüntöne

Ein Meisterwerk in Arbeit

(Höhe: Ca. 25 cm)

Farben:
Weiß, Gelb, Pink, Anthrazit, Dunkelblau, Hellgrün und drei Brauntöne

Setzen Sie als erstes beide Pinsel zusammen, und vervollständigen Sie die schöne Schleife. Auch das Ei können Sie schon mit den gelben Streifen verzieren.

Der kleine Malermeister erhält von vorne Auge, Nasenspitze, Arm und die vorgearbeitete Schleife. Von hinten bringen Sie beide Pinsel, das rechte Ohr, den Fuß und das Stummelschwänzchen an.

Nun müssen Sie das Gras mit zwei Farbklecksen und dem wunderschönen Ei verzieren, bevor Sie das fleißige Häschen plazieren. Vergessen Sie die Innenlinien und die Pupille nicht! Und dann befestigen Sie das Motiv schnell an Ihrem Fenster, damit der große Künstler sein Meisterwerk beenden kann.

Ich helfe dem Osterhasen bei der Arbeit!

(Höhe: Ca. 34 cm)

Farben: Weiß, Braun, Rot, Schwarz, Dunkelblau, Orange, Dunkelbraun, Gelb, Anthrazit und zwei Grüntöne

Als erstes setzen Sie den Pinsel laut Vorlage zusammen. Als nächstes erhält Frieda von vorne Kamm, Auge, Kinnlappen, Schnabel und den Flügel.
Ziehen Sie Frieda dunkelblaue Pantoffeln über, und kleben Sie ein Bein von vorne und eines von hinten an.
Nun fixieren Sie den vorgefertigten Pinsel von hinten am Flügel.
Die Bodenfläche verzieren Sie mit einem Ei und zwei Farbklecksen, bevor Sie Frieda darauf fixieren.

Jetzt durchstechen Sie die Bodenfläche an fünf Stellen und binden mit einem dünnen Faden fünf bunte Ostereier an.
Malen Sie schnell alle Innenlinien auf, denn Frieda hat noch viel zu tun und der Osterhase braucht dringend die Unterstützung dieses fleißigen Huhns.

Der flotte Eierexpress

(Höhe: Ca. 29 cm)

Farben: Weiß, Schwarz, Dunkelblau, Türkis, Hellgrün, Rot und zwei Gelbtöne

Jetzt ist es allerhöchste Eisenbahn, denn der Eierexpress hat eine wichtige Ladung abzuliefern.

Versehen Sie zunächst alle Räder mit einem schwarzen Mittelteil, bevor Sie sie von vorne an den Wagen montieren. Die Lok erhält ebenfalls von vorne Fenster und Dach. Bringen Sie den Dampf von hinten an, und schieben Sie ihn vor das Dach.

Füllen Sie jeden Waggon von hinten mit fünf bunten Eiern, und schon kann der Eierexpress starten. Tuut, tuut!

Ein Superpinsel

(Höhe: Ca. 28 cm)

Farben:
Weiß, Schwarz, Dunkelblau, Rot, Gelb, Anthrazit, zwei Grün- und zwei Brauntöne

Welch ein Pinsel! Setzen Sie zunächst den aus vier Teilen bestehenden Superpinsel zusammen.
Bekleben Sie das rote Ei und den dunkelblauen Topf jeweils mit der gelben Farbe.
Der Kopf erhält von vorne Auge sowie Nasenspitze und von hinten das fehlende linke Ohr. Danach fügen Sie Fuß und Hosenbein zusammen.
Bringen Sie von hinten das Stummelschwänzchen und den rechten Fuß an der Latzhose an, danach folgt das linke Bein. Von vorne ergänzen Sie erst den fertigen Kopf und danach den riesigen Pinsel. Dann fixieren Sie beide Hände auf dem Pinsel und bemalen den kleinen Mümmelmann.
Als nächstes werden das Ei, der Farbtopf und der Farbklecks auf die Grasfläche geklebt, bevor das fleißige Häschen von vorne angebracht wird.
Nachdem der kleine Künstler seinen Platz gefunden hat, brauchen Sie das Bild nur noch in Ihr Fenster zu hängen. Dort kann das Häschen mit dem Superpinsel noch viele bunte Eier anmalen.

Bald ist Ostern!

Die fleißigen Osterhasen bereiten alles für das bevorstehende Osterfest vor.

Ich bringe die Eier

(Höhe: Ca. 31 cm)
Abbildung Seite 24

Farben: Weiß, Hellgelb, Pink, Hellgrün, Türkis, Dunkelblau und zwei Brauntöne

Bringen Sie zunächst von vorne Auge und Nasenspitze am Kopf des Hasenmädchens an. Fügen Sie Arm und Ärmel zusammen.
Plazieren Sie von hinten im Korb drei buntgefärbte Eier.
Alle drei Blüten erhalten weiße Blütenstempel.
Fixieren Sie von hinten den fertigen Korb an der Hand. Nun können Sie von vorne den Kopf samt Blüte und den Arm anbringen. Von hinten werden das Schwänzchen und beide Beine fixiert. Jetzt stellen Sie das Hasenmädchen auf die Grasfläche und schmücken diese mit zwei Blüten.
Sobald Sie die Pupille und die Innenlinien aufgemalt haben, kann sich das Hasenmädchen auf den Weg an Ihr Fenster machen.

Ich bringe die Eier

Anleitung Seite 23

So ein schönes Nest!

(Höhe: Ca. 29 cm)

Farben: Weiß, Pink, Türkis, Dunkelblau, Hellgelb, drei Braun- und zwei Grüntöne

Etwas Beeilung ist beim Basteln dieses Motivs geboten, denn der kleine Hasenjunge muß ganz schnell das Nest füllen.

Legen Sie zunächst drei Eier von vorne in das Nest, und kleben Sie von hinten das kleine Grasteil fest.
Bringen Sie von vorne Auge und Nasenspitze am Kopf an, von hinten folgt das rechte Ohr.
Von hinten fixieren Sie auch die Hand am Ärmel und danach das türkisfarbene Ei an der Hand.
Jedes Hosenbein erhält von hinten den passenden Fuß.
Nun müssen Sie von vorne den Kopf und den linken Arm ankleben. Dann befestigen Sie von hinten das linke Bein und anschließend das rechte Bein. Vergessen Sie das kleine Schwänzchen nicht!

Jetzt können Sie das Häschen und das fertige Nest im Gras plazieren. Malen Sie die Pupille und alle Innenlinien auf. Und schon kann der kleine Hase seine Arbeit an Ihrem Fenster fortsetzen.

Endlich ist der Winterschlaf vorbei!

(Höhe: Ca. 23 cm)

Farben:
Weiß, Schwarz, Gelb, Orange, Grün und drei Brauntöne

Zu zweit fühlen sich diese beiden Gesellen an Ihrem Fenster besonders wohl.

Kleben Sie von vorne das hellbraune Kopf-Bauchteil auf das Stachelkleid. Dann werden von vorne das Auge, die Nasenspitze, der Blumenstiel mit den beiden gelben Blü-

ten und das linke Bein angeklebt. Erst jetzt folgt der linke Arm.
Wenn Sie das rechte Bein von hinten angebracht haben, brauchen Sie nur noch die Pupille, die Augenbraue und den Mund aufzumalen.
Den zweiten Igel mit den orangefarbenen Tulpen arbeiten Sie genauso, nur spiegelverkehrt. Nun können die beiden ihre neue Heimat erkunden und am Fenster spazierengehen.

Frühlingsboten

Diese netten Vögel kündigen den nahen Frühling an!

Bald ist es geschafft!

(Höhe: Ca. 19 cm)

Farben: Anthrazit, Gelb, zwei Grün- und zwei Brauntöne

Versehen Sie die Vogelmutter von vorne mit Schnabel und Brustfleck, setzen Sie das Tier ins Nest, und ergänzen Sie den Flügel.
Nun brauchen Sie das Nest samt Vogel nur noch von vorne am Ast zu fixieren und alle Innenlinien aufzumalen.
Dann können Sie die brütende Vogelmutter in Ihr Fenster hängen; doch bitte recht vorsichtig, damit sie nicht aufwacht. Mit ein bißchen Glück wird sich bald der Nachwuchs an Ihrem Fenster tummeln.

Hurra, der Nachwuchs ist da!

(Höhe: Ca. 15 cm)

Farben: Hellgelb, Blau, Schwarz, Weiß, Grün, Hellbraun, Anthrazit und Rot

Die stolze Vogelmutter erhält von vorne den schwarzen Stirnfleck, beide Augen, den roten Schnabel und die beiden Flügel. Das Vogelkind bekommt ebenfalls von vorne den Stirnfleck, den roten Schnabel und beide Flügel.

Nun müssen Sie erst das Vogelkind und danach die Mutter von hinten am Ast fixieren. Bringen Sie zunächst die Füße der beiden und danach noch zwei Blätter an, eines von vorn und eines von hinten. Die schwarzen Innenlinien vervollständigen dieses Fensterbild.
Suchen Sie einen hübschen Platz dafür, denn die stolze Vogelmutter möchte jedem ihren süßen Nachwuchs zeigen.

Prachtvolle Blüten

(Höhe: Ca. 24 cm)

Farben: Weiß, Schwarz, Gelb, Orange, Grün und zwei Blautöne

Fixieren Sie zunächst die weiße Knospe von hinten am Grün. Dann kleben Sie die weißen Blütenblätter laut Vorlage zusammen. Von vorne werden das hellblaue und danach das dunkelblaue Blütenteil angebracht. Befestigen Sie nun das schwarze und danach das gelbe Mittelteil auf der Blüte.
Der lange Stiel wird mit der vorgefertigten Knospe und dem Blatt beklebt. Nun brauchen Sie nur noch die prächtige Blüte von vorne zu fixieren.
Das orangefarbene Stiefmütterchen wird genauso gearbeitet.

TIP **Wenn Sie mehrere Stiefmütterchen arbeiten, erhalten Sie ein richtiges Blütenmeer.**

Meister Lampe genießt seinen wohlverdienten Feierabend

(Höhe: Ca. 30 cm)
Abbildung Seite 32

Farben: Weiß, Schwarz, Rot, Blau, Dunkelgrün und drei Brauntöne

Nach schwerer Arbeit braucht Meister Lampe dringend eine Pause.
Der wichtige Kopf erhält von vorne Auge und Nasenspitze. Von hinten bringen Sie das rechte Ohr und die Pfeife an. Natürlich benötigt die Pfeife noch etwas Rauch, der von vorne ergänzt wird.
Kleben Sie von hinten die Hand am Ärmel fest. Fügen Sie Oberkörper und Hose zusammen. Von hinten ergänzen Sie den Fuß.
Als nächstes kleben Sie von vorne den Kopf fest. Bringen Sie nun die rechte Hand von vorne an. Jetzt wird der bequeme Ohrensessel von vorne angeklebt, danach der linke vorgefertigte Arm. Dann wird der fertige Hase mit Sessel von vorne auf der dunkelgrünen Bodenfläche fixiert.
Die Pupille und alle Innenlinien vervollständigen Meister Lampe. Jetzt kann er endlich seine Pfeife in Ruhe und Gemütlichkeit genießen.

Meister Lampe genießt seinen wohlverdienten Feierabend

Anleitung Seite 31